Carla Ernstberger

Züchtungsmethoden der Gentechnik

Transgene Pflanzen. Fluch oder Segen?

GRIN Verlag

Bibliografische Information der Deutschen Nationalbibliothek:

Die Deutsche Bibliothek verzeichnet diese Publikation in der Deutschen Nationalbibliografie; detaillierte bibliografische Daten sind im Internet über http://dnb.d-nb.de/ abrufbar.

Impressum:

Druck und Bindung: Books on Demand GmbH, Norderstedt Germany
ISBN: 978-3-656-58453-7

Dieses Buch bei GRIN:

http://www.grin.com/de/e-book/267793/zuechtungsmethoden-der-gentechnik

Titelblatt

Gymnasium St. Paulusheim

Thema der Arbeit:

Züchtungsmethoden der Gentechnik

Transgene Pflanzen – Fluch oder Segen?

Name: Carla Ernstberger

Klasse: KSI 1

Fach: Biologie

Präsentation: 07.06.2013

Züchtungsmethoden der Gentechnik

Transgene Pflanzen – Fluch oder Segen?

Züchtungsmethoden der Gentechnik

Transgene Pflanzen – Fluch oder Segen?

1. Einleitung

Schon immer waren hohe Erträge, guter Geschmack und die Widerstandsfähigkeit gegen Krankheiten und Schädlinge die wichtigsten Eigenschaften von Nutzpflanzen.[1]

Mit dem Beginn des Anbaus von Pflanzen vor ungefähr 12.000 Jahren in Anatolien und Vorderasien begann auch die Pflanzenzüchtung.[2] Mit ihr wollte der Mensch die oben genannten Eigenschaften seit jeher verbessern. Hierzu wählte er gezielt „gute" Pflanzen einer Art aus und baute sie unter kontrollierten Bedingungen an. Damals zählten hierzu Emmer, Einkorn (Urformen des Weizens), Gerste und Roggen. 5.500 vor Christus wurde der Getreideanbau auch in Mitteleuropa bekannt. Durch Auslese (Selektion) der ertragreichsten Individuen und Kreuzung mit anderen Wildgrasarten entstanden unsere heutigen Getreidesorten. Zur weiteren Ertragssteigerung wurden verschiedene „Anbaumaßnahmen wie Düngung [mit Gülle], Bewässerung und Beseitigung von Unkraut eingesetzt".[3] Doch durch Dürreperioden, Schädlingsbefall oder kranke Pflanzen kam es weiterhin zu Ernteausfällen, weshalb viele Menschen an Hunger sterben mussten. Daher gründete man während des 18. Jahrhunderts naturwissenschaftliche Institute für Pflanzenanbauwissenschaften. So konnten die Erträge der Nutzpflanzen zwar gesichert und teilweise sehr verbessert werden, dafür gingen jedoch einige Pflanzenarten verloren, da sie ausselektiert wurden.

In den 50er Jahren kam es dann zur Grünen Revolution. Durch moderne Pflanzenzüchtungsmethoden gelang es ohne großen Düngereinsatz erste Hochertragssorten, wozu unter anderem Mais, Raps, Hirse, Soja und Raps

---

[1] Nutzpflanzen sind Kulturpflanzen, die der Ernährung, der Rohstoffgewinnung oder der Gesundheit dienen. Man unterscheidet hierbei zwischen wildwachsenden und kultivierten Nutzpflanzen, http://www.nutzpflanzenvielfalt.de/nutzpflanzen/was_ist_das am 27.05.2013
[2] http://www.nutzpflanzenvielfalt.de/nutzpflanzen/was_ist_das am 27.05.2013
[3] http://www.pflanzenforschung.de/index.php?cID=8234 am 27.05.2013

zählten, zu erzeugen (Pflanzenproduktion). Durch deren Anbau in Entwicklungsländern konnte die Kindersterblichkeit verringert, die Ernährungssituation stark verbessert und zudem die Anbaufläche verkleinert werden.[4]

Doch mit den Hochertragssorten gehen auch Nachteile einher. Kritiker weisen darauf hin, dass es zu einer vermehrten Auslaugung und Versalzung des Bodens komme und der Grundwasserspiegel aufgrund der erhöhten Bewässerung absinke.[5]

Die modernste, schnellste, aber auch umstrittenste Art, Eigenschaften von Pflanzen zu verändern, ist die **Grüne Gentechnik**, welche sich Anfang der 80er Jahre als ein Teilgebiet der grünen Biotechnologie (Produktion Wirkstoffen und Enzymen über Pflanzen) entwickelte. Mithilfe gentechnischer Verfahren und Werkzeuge (Enzymen) kann man in das Erbmaterial von Pflanzen eingreifen und Eigenschaften verbessern, welche auf herkömmlichen Weg oftmals nicht oder nur sehr schwer zu erreichen sind.[6]

In einigen Ländern, wie z.B. in den USA oder Argentinien ersetzt die Gentechnik bereits fast den konventionellen Anbau, wohingegen in Deutschland oder Frankreich der Einsatz gentechnisch veränderter Pflanzen rechtlich eingeschränkt ist, da das Wissen über mögliche Auswirkungen noch nicht ausgereift ist.[7]

---

[4] http://www.nutzpflanzenvielfalt.de/nutzpflanzen/was_ist_das am 27.05.2013, http://www.pflanzenforschung.de/index.php?cID=8234 am 27.05.2013,

[5] http://www.pflanzenforschung.de/index.php?cID=8234 am 27.05.2013

[6] http://l.hh.de/tSmvrh am 02.06.2013, http://www.pflanzenforschung.de/de/themen/lexikon/gentechnik-455 am 04.06.2013,

[7] http://www.pflanzenforschung.de/index.php?cID=8234 am 27.05.2013, Andrioli, I. et al., Agro-Gentechnik: Die Saat des Bösen, Die schleichende Vergiftung von Böden und Nahrung, 2. Auflage, Lahnstein 2006, S. 58

2. Gentechnik

2.1 Definition

Unter der Gentechnik oder Gentechnologie versteht man die gezielte Veränderung der Erbinformation einer Zelle oder eines Organismus durch molekularbiologische Verfahren zum Erreichen bestimmter Eigenschaften. Dies kann durch Übertragung und Einbau fremder Gene in das Genom einer Zelle bzw. eines Organismus oder durch das Ausschalten bestimmter Gene passieren (Gentransfer).[8] Die so entstandene DNA (Desoxyribonukleinsäure) heißt rekombinante DNA und der durch sie veränderte Organismus transgen. Die rekombinante DNA kann sowohl in Organismen derselben Art, als auch in andere Arten eingeschleust werden, da man herausfand, dass der genetische Code universell ist (d.h. in allen Organismen werden die Aminosäuren durch die gleichen Basentripletts codiert) und somit für alle Lebewesen gilt.[9]

Wie oft verwechselt, hat ein gentechnischer Eingriff nichts mit Züchtung zu tun. Denn bei herkömmlichen Züchtungsmethoden werden Tiere und Pflanzen nur mit der gleichen oder einer eng verwandten Art auf natürlichem Vererbungsweg gekreuzt. In der Gentechnik hingegen wird das Erbmaterial von Bakterien, Pflanzen, Viren, Menschen und Tieren isoliert und nach dem Austausch einzelner DNA-Sequenzen in artfremde Lebewesen eingeschleust.[10]

2.2 Ziele der Gentechnik

Da die Gentechnik nicht nur in der Pflanzenforschung Anwendung findet, sondern auch in anderen Bereichen eingesetzt wird, sind die Ziele der Gentechnik weit gefächert:

---

[8] Bayrhuber, H. et al., Linder, Biologie, Baden-Württemberg, 23. Auflage, Braunschweig 2010, S. 121, Autorengruppe Deutscher Taschenbuchverlag, dtv Lexikon, 6, Fli-Gev, 3. Ausgabe, Mannheim 1997, S. 274

[9] Hillesheim, M. et al., Abitur, clever vorbereitet, Biologie, Potsdam o. J., S. 62

[10] Informationsdienst Gentechnik, Gute Gründe gegen Gentechnik, in der Landwirtschaft, Berlin Januar 2013http://www.genzukunft.de/Gentechnik/Gentechnik-.html am 26.05.2013, S. 3, http://www.schule-und-gentechnik.de/fuer-schueler/wer-wie-was/einfuehrung.html am 30.05.2013

1. Die Ziele der **„grünen Gentechnik"** mithilfe der gentechnischen Veränderung von Pflanzeneigenschaften sind vor allem die Erleichterung der Feldarbeit, die Bekämpfung des Welthungers und die Schonung der Umwelt aufgrund geringeren Pestizideinsatzes.[11]
2. Mithilfe der **„roten Gentechnik"** können Arzneimittel und andere pharmazeutische Produkte gentechnisch hergestellt werden. Diese können z.B. bei Kindern mit Wachstumsstörungen, Herzinfarkten, Blutarmut, verschiedenen Krebskrankheiten, der Bluterkrankheit oder Diagnosen von Immunkrankheiten eingesetzt werden.[12] Ein weiteres Ziel der „roten Gentechnik" ist es, Tiere resistent gegenüber Krankheitserregern zu machen und ihre Produktivität (z.B. die der Milchkuh) zu erhöhen.[13]
3. Unter der **„weißen Gentechnik"** versteht man den industriellen Einsatz von Gentechnik zur Gewinnung von Enzymen, Mikroorganismen und Zellkulturen. Mit ihr können Substanzen, wie z.B. Glutaminsäure (Ausgangsstoff zur Herstellung von Natrium-glutamat, welches in der Lebensmittelindustrie als Geschmacks-verstärker dient[14]) kostengünstiger, in größeren Mengen und mit höherer Reinheit als auf synthetisch-chemischen Weg herstellt werden. Andere Substanzen ermöglichen die Herstellung von „viele[n] Lebensmittel[n] und Getränke[n], Vitamine[n] und Aromastoffe[n], Medikament[...]- und Pestizidwirkstoffe[n], Enzyme[n], Chemikalien, Werkstoffe[n] sowie [von] Bioenergieträger[n] (etwa Bio-Ethanol oder Biogas)".[15]
4. Als Teilgebiet der weißen Gentechnik beschäftigt sich die **„graue Gentechnik"** mit der Wasseraufbereitung und -reinigung, dem

11 http://www.schule-und-gentechnik.de/fuer-schueler/wer-wie-was/pro-und-contra.html# a, 02.06.2013, http://www.lfl.bayern.de/publikationen/daten/informationen_url_1_49.pdf am 26.05.2013

12 http://www.gensuisse.ch/service/praes/d/Text_03_Gentechnische_Herstellung_von_ Insulin. pdf am 28.05.2013, http://www.buerger-fuer technik.de/body_bedeutung_der_ gentechnik .html am 28.05.2013, Bayrhuber, H. et al., Linder, Biologie, Baden-Württemberg, 23. Auflage, Braunschweig 2010, S. 124

13 Hillesheim, M. et al., Abitur, clever vorbereitet, Biologie, Potsdam o. J., S. 81

14 Bayrhuber, H. et al., S. 124, http://www.buerger-fuer-technik.de/body_bedeutung_der_gentechnik.html am 28.05.2013

15 http://www.bpb.de/gesellschaft/umwelt/bioethik/33741/weisse-gentechnik?p=all am 28.05.2013

Recyceln von Müll oder der Sanierung kontaminierter Böden mithilfe biotechnologischer Verfahren. Somit ist der Schutz der Umwelt das Ziel der grauen Gentechnik.[16]

2.3 Grundlagen der Gentechnik

Durch gentechnische Verfahren ist es für Forscher möglich, Gene zu isolieren, sie zu analysieren und letztendlich in einen anderen Organismus einzuschleusen. Den neuentstandenen Organismus bezeichnet man dann als transgen. Zur Vervielfältigung eines DNA-Abschnitts (oder Gens) muss dieser zunächst in einen passenden Vektor eingefügt werden, welcher dann in eine Wirtszelle übertragen wird. Dies bezeichnet man als Klonierung eines Gens, wozu es einige Methoden und Werkzeuge bedarf, welche im Folgenden erläutert werden sollen.[17]

2.3.1 Werkzeuge der Gentechnik

Restriktions-Endonucleasen können DNA-Doppelstränge entweder glatt oder versetzt spalten.[18] Dabei schneiden sie nur an Stellen (Erkennungssequenzen), welche sowohl vorwärts als auch rückwärts gelesen dieselbe Basenabfolge haben. Wird der DNA-Strang versetzt geschnitten, entstehen sogenannte „sticky ends“ (klebrige Enden). Diese überstehenden Enden neigen dazu, sich mit komplementären Enden (z.B.: GGCC und CCGG) zusammen zu lagern. Dabei verbinden sie sich über schwache Wasserstoffbrücken.

Das Enzym **Ligase** dient der stabilen Verknüpfung von DNA-Fragmenten.[19]

---

[16] http://www.umwelt.nrw.de/umwelt/bio_gentechnik/index.php am 28.05.2013
[17] Kilian, I. et al., Großes Buch der Biologie, mit allen Wissengebieten und Fachbegriffen der Biologie, o.O. 2006, S. 112, f., Bayrhuber, H. et al., S. 121, f.
[18] Restriktionsenzyme werden aus Bakterien gewonnen (Entdeckung 1972 durch Herbert W. Boyer), vgl. Bayrhuber, H. et al., S. 121, Hillesheim, M. et al., S. 75
[19] Hillesheim, M. et al., S. 75

Mithilfe dieser Werkzeuge kann z.B. aus einer eukaryotischen und bakteriellen DNA eine rekombinante DNA entstehen, indem beide mit dem gleichen für sie geeignetem Restriktionsenzym behandelt werden, sich über ihr „sticky ends“ verbinden und durch die Ligase fest verknüpft werden.

2.3.2 Ablauf der Klonierung eines Gens

a) Isolation der Spender-DNA und der Vektoren

Zunächst müssen Substanzen ausgewählt werden, mit deren Hilfe sowohl die Spender-DNA, als auch der Vektor aus ihren Zellen freigelegt werden können.[20]

Vektoren sind Systeme, die dem Transport der zu übertragenden DNA-Stücke in Zellen dienen. Oft werden hierzu Plasmide (ringförmiger DNA-Abschnitt aus Bakterien) oder Bakteriophagen (Viren, die Bakterien infizieren[21]) verwendet.[22]

b) Behandlung mit Restriktionsenzym

Nun werden sowohl die Spender-DNA als auch der Vektor mit dem demselben Restriktionsenzym aufgeschnitten. Da Restriktionsenzyme nur an ganz bestimmten Stellen schneiden, entstehen danach „genau definierte Teilstücke“ (eines davon ist das zu übertragende Gen),[23] deren Enden komplementär zueinander sind. Im idealen Fall sind die Enden durch schräges Schneiden des Restriktionsenzyms einzelsträngig, sodass „sticky ends“ (klebrige Enden) vorhanden sind.[24]

---

[20] Kilian, I. et al., Großes Buch der Biologie, mit allen Wissengebieten und Fachbegriffen der Biologie, o.O. 2006, S. 112, f.

[21] Hillesheim, M. et al., S. 309

[22] Bayrhuber, H. S. 130

[23] Kilian, I. et al., Großes Buch der Biologie, mit allen Wissengebieten und Fachbegriffen der Biologie, o.O. 2006, S. 114, Hillesheim, M. et al., S. 76

[24] Kilian, I. et al., S. 115

c) Mischung von Vektor und DNA-Fragment

Werden die beiden Abschnitte miteinander vermischt, kommt es zu einer Bindung über schwache Wasserstoffbrücken an den „sticky ends“ und eventuell auch an gerade geschnittenen Enden.[25]

d) Verstärkung der Bindung durch die Ligation

Unter der Zugabe von Ligase (ein Enzym) wird die Verbindung der DNA-Fragmente durch die Ausbildung kovalter Bindungen stabilisiert. Es entsteht ein neu kombinierter DNA-Ring (rekombinante DNA).[26]

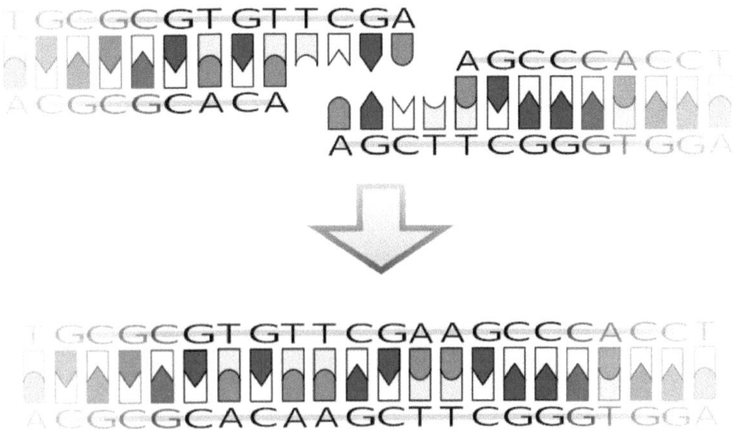

Abbildung 1: Ligation[27]

e) DNA-Transfer in die Wirtszelle

Zur erfolgreichen Transformation (Übertragung) der rekombinanten DNA (Fremd-DNA) in eine Wirtszelle und somit zur Herstellung eines transgenen Organismus, werden je nach Zelltyp verschiedene Methoden eingesetzt:

---

[25] Hillesheim, M. et al., S. 76, http://home.arcor.de/mark_01/molekuler%20biologie/Genklonierung.pdf am 29.05.2013

[26] http://www.youtube.com/watch?v=K8ypD5qFQfM am 29.05.2013, http://www.scheffel.og.bw.schule.de/faecher/science/biologie/molangewandt/1gentec/gentec.htm am 29.05.2013

[27] http://upload.wikimedia.org/wikipedia/commons/thumb/b/bf/Ligation.svg/800px-Ligation.svg.png am 30.05.2013

1. die einfachste Methode:
    a) **Inkubation von Kalziumchlorid** bei 0°C: Im günstigsten Fall kann durch eine Salzbehandlung die Zellmembran für Makromoleküle durchlässig (permeabel) gemacht werden, so dass die Fremd-DNA eindringen kann (*geht nur bei prokaryotischen Zellen*, da diese keinen Zellkern haben). Jedoch ist diese Methode sehr *ineffizient, da nur jedes tausendste Bakterium transformiert wird.*[28]
2. biologische Systeme:
    a) **Infektion mit Agrobacterium tumefaciens**: Das Bodenbakterium Agrobacterium tumefaciens ist die beliebteste Methode, Fremd-DNA in *Pflanzenzellen* einzuschleusen.

Sobald eine Pflanze verwundet ist, werden Stoffe ausgeschieden, welche das Agrobakterium anziehen. Bei Befall überträgt es einen Teil seiner Erbinformation, welche auf dem Ti-Plasmid des Bakteriums liegt auf das pflanzliche Chromosom, wodurch die Bildung von Tumoren und Wurzelhalsgallen an der Pflanze ausgelöst wird.[29]

Abbildung 2: Tumor am Wurzelhals einer Pflanze[30]

Genau diese Eigenschaft des Bodenbakteriums (, dass es gut Erbgut übertragen kann) nutzt der Gentechniker zum Gentransfer.

[28] http://home.arcor.de/mark_01/molekuler%20biologie/Genklonierung.pdf am 29.05.2013
[29] Hillesheim, M. et al., S. 81, Bayrhuber, W. et al., S. 125
[30] http://www.arbofux.de/img/rosa-agrobacterium-tumefaciens3-g.jpg am 30.05.2012

Hierzu nimmt er das Plasmid des Agrobakteriums, entfernt den krankheitsauslösenden Genabschnitt, fügt stattdessen ein Fremd-Gen ein, welches die gewünschte Eigenschaft hat und integriert es letztendlich in die Pflanzenzelle.

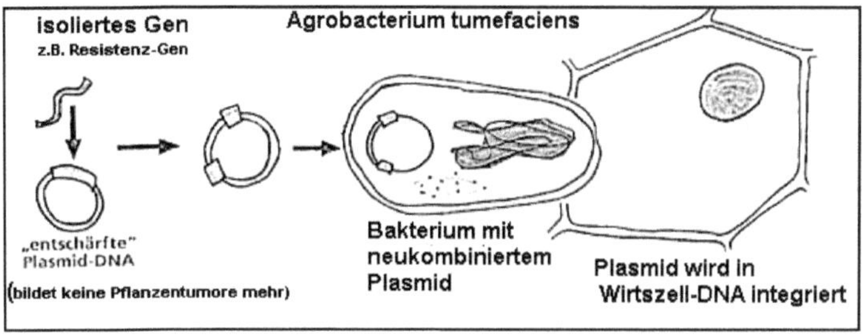

Abbildung 3: Agrobacterium als DNA-Transfermethode[31]

Diese Methode *kann jedoch nur bei zweikeimblättrigen Pflanzen angewendet werden und somit beispielsweise bei Mais, Weizen und Reis nicht.*[32]

b) **Virus vermittelter Gentransfer:** Zunächst wird die Fremd-DNA in das Virusgenom eingefügt. Der Virus (z.B. Retroviren) infiziert nun die *eukaryotische Zielzelle*, so dass sein fremdes Erbmaterial in die Wirtszelle eindringen kann.[33]

3. Physikalische Methoden

c) **Lipofektion:** Da die Zellmembran zum größten Teil aus einer Doppellipidschicht besteht, ist es möglich, die Fremd-DNA mit einer neu hergestellten Doppellipidschicht zu umschließen (Entstehung von Liposomen), so dass diese dann mit der Zellmembran der Empfängerzelle verschmelzen kann und ins Innere von *tierischen Zellen* gelangt.

---

[31] http://www.scheffel.og.bw.schule.de/faecher/science/biologie/molangewandt/1gentec/gen tec. htm am 29.05.2013

[32] http://www.gm.rt.schule-bw.de/lehrer/schmid/gentechnik/genpflanzen.html am 20.05.2013, Kilian, I., S. 119, http://www.scheffel.og.bw.schule.de/faecher/science/biologie/molangewandt/1gentec/gentec.htm am 29.05.2013, http://www.genzukunft.de/Gruene-Gentechnik/Gentechnik-bei-Pflanzen/Gentechnik-bei-Pflanzen.html am 26.05.2013

[33] http://www.ruhr-uni-bochum.de/genetik/Unterlagen/Gentransfer%20in%20eukaryotische%20Zellen.pdf am 30.05.2013

d) **Mikroinjektion:** Mithilfe einer sehr feinen Kanüle können die Fremd-Gene bis in den Zellkern eingespritzt werden.[34] Diese Technik wird *vor allem bei tierischen Zellen* angewandt, wobei eine *Ausbeute von circa 15 Prozent* erreicht wird.[35]

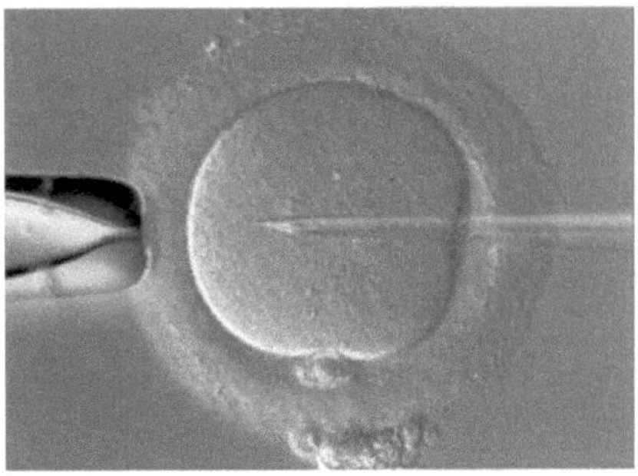

Abbildung 4: Mikroinjektion[36]

e) **Elektroporation:** Hierbei dringt die Fremd-DNA über Löcher, die für geraume Zeit durch elektrische Entladungen erzeugt werden, durch die Zellmembran von *Pro- oder Eukaryoten* ein. Jedoch gelingt diese Methode nur *bei jedem hundertsten Versuch*.[37]

f) **Biolistik:** Bei dieser Methode werden mit DNA beschichtete Metallpartikel (Gold oder Wolfram) mit einer DNA-Kanone auf Zellen geschossen. Jedoch schafft es nur *einer von 1000 Partikeln in das Genom der Pflanzenzelle integriert* zu werden.[38]

[34] Hillesheim, M. et al., S. 76

[35] Sie ist jedoch auch schon bei Pflanzen geglückt – jedoch nur mit einer sehr geringen Erfolgsrate, vgl. http://www.biosicherheit.de/basisinfo/298.mikroinjektion-gene-spritze.html am 30.05.2013

[36] http://www.kinderwunschzentrum-ludwigsburg.com/images/behandlungsmethoden/mesa_1_2.jpg am 29.05.2013

[37] http://flexikon.doccheck.com/de/Elektroporation am 30.05.2013

[38] http://www.webmic.de/gentech.htm am 30.05.2013, Kilian, I. et. al., S. 119, Hillesheim, M. et. al., S. 76

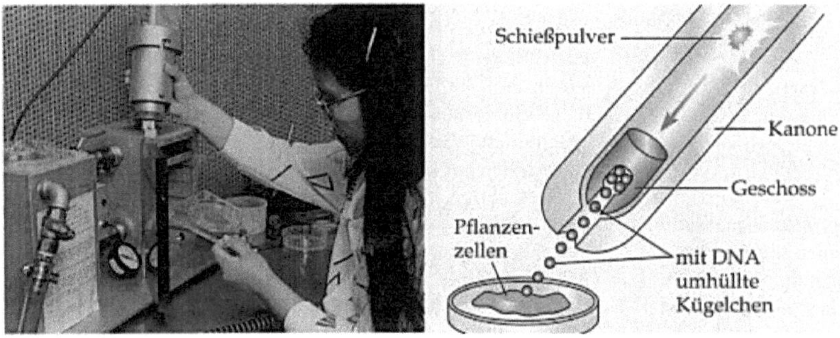

Abbildung 5: Partikelbeschuss[39]

Für die Nutzpflanze Mais ist dies die einzige Methode, durch welche die Fremd-DNA eingeschleust werden kann.[40]

Entfernt man bei Pflanzenzellen chemisch die Zellwand, können theoretisch alle Methoden des Gentransfers angewendet werden (Protoplasten-Transformation). Am häufigsten benutzt man jedoch das Agrobacterium und die DNA-Kanone.

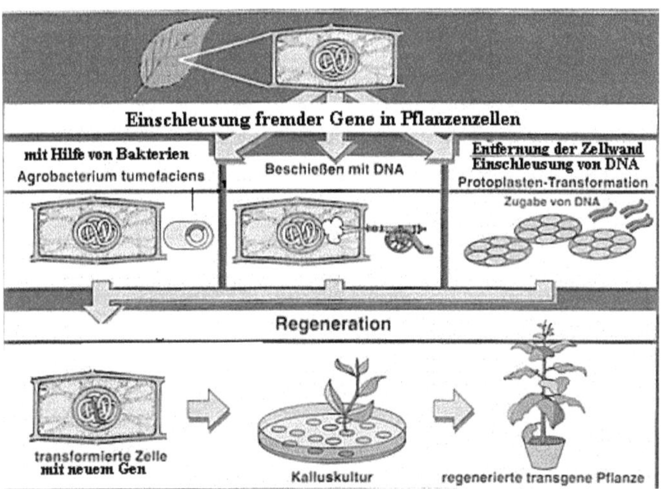

Abbildung 6: Methoden des Gentransfers bei Pflanzen[41]

---

[39] zugeschnittene Abbildung von http://www.webmic.de/images/gentech3.JPG am 29.05.2013

[40] http://www.genzukunft.de/Gruene-Gentechnik/Gentechnik-bei-Pflanzen/Gentechnik-bei-Pflanzen.html am 30.05.2013

g) Selektion der transformierten Zellen

Da die Transformation nur in sehr wenigen Fällen gelingt, ist es wichtig zu überprüfen, ob die Fremd-DNA erfolgreich eingebracht wurde. Denn, wenn sie beispielsweise in den „[...] kodierenden Abschnitt eines anderen Gens [integriert wird] [...].",[42] wird dieses Gen vernichtet oder seine Expression eingeschränkt. Zur Kontrolle gibt es verschiedenste Möglichkeiten:

1. Die älteste Methode ist der zusätzliche Einbau eines sogenanntes „**Marker-Gens**" in das Plasmid. Häufig verwendet man hierzu „ein Antibiotika- oder Herbizidresistenz-Gen". „Bei einer anschließenden Behandlung mit dem jeweiligen Antibiotikum oder Herbizid überleben dann nur die transgenen Zellen [(Zellen, die das rekombinante Plasmid aufgenommen haben)]."[43] Aufgrund der eingebauten Antibiotikaresistenz besteht jedoch die Gefahr, dass der Mensch bei der Aufnahme der späteren Pflanze resistent gegen das in der Medizin eingesetzte Antibiotika wird.[44]
2. Man weist spezifische Proteine nach.
3. Mit Gensonden (künstlich hergestellte zum gesuchten Gen komplementäre DNA-Einzelstränge) lässt sich ebenfalls überprüfen, ob die Transformation funktioniert hat.[45]

h) Amplifikation der Rekombinanten

Zu allerletzt werden die erfolgreich transformierten Zellen vermehrt.[46]

---

41 http://www.scheffel.og.bw.schule.de/faecher/science/biologie/genetik/95neuzucht/neue_zuechtung.htm am 30.05.2013
42 Kilian, I. et al. S. 119, f.
43 http://www.schule-und-gentechnik.de/fuer-schueler/wer-wie-was/gentechnik-abc.html am 30.05.2013, Kilian, I. et al., S. 116, f.
44 http://www.pflanzen-forschung-ethik.de/lexikon/734.markergen.html am 03.06.2013
45 Hillesheim, M. et al., S. 77, Kilian, I. et al., S. 116, http://www.scheffel.og.bw.schule.de/faecher/science/biologie/molangewandt/1gentec/gentec.htm am 30.05.2013
46 Kilian, I. et al., S. 116

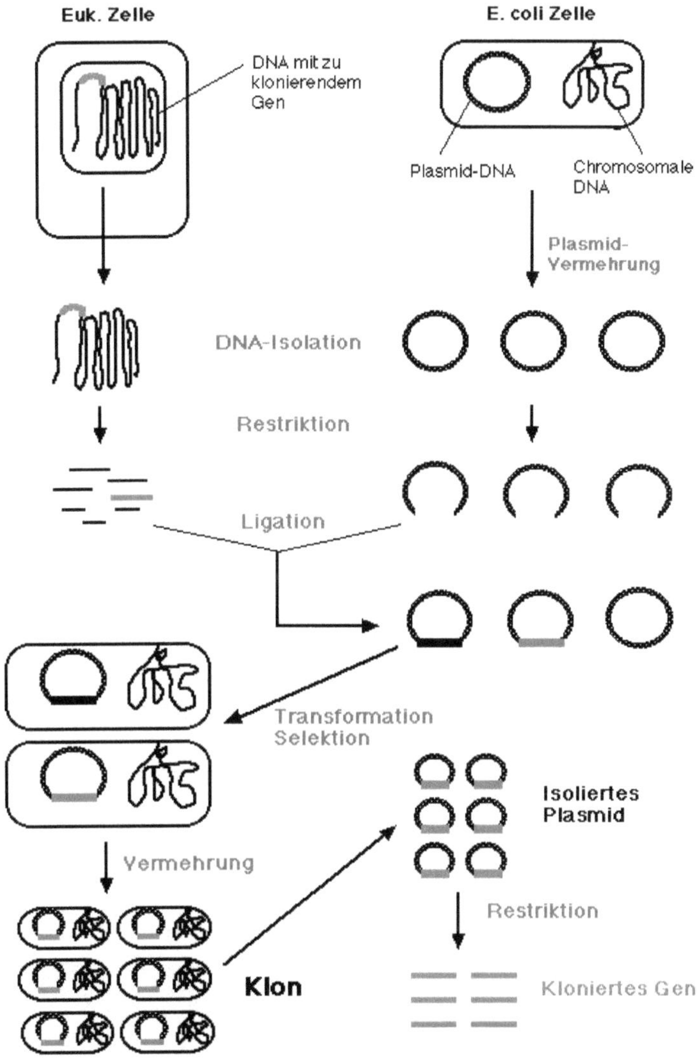

Abbildung 7: Klonierung eines Gens[47]

[47] http://e-learning.studmed.unibe.ch/Gen_Kurs/GEN_KURS/TECHN/BILDER/KLONIERE.GIF am 30.05.2013

3.Transgene Pflanzen

Da sich viele Pflanzenarten aus einzelnen Zellen heranziehen lassen, bietet sich die Gentechnik zur Veränderung dessen Erbmaterials an. Denn es ist um einiges einfacher, einzelne Zellen zu verändern als ganzen Organismen. Für den Gentransfer wird in den meisten Fällen die Plasmid-Technik des Agrobakteriums oder die Biolistik angewendet. Daher spricht man auch von der „Agro-Gentechnik". Dabei sollen mit dem Einschleusen von Fremd-Genen hauptsächlich folgende Eigenschaften erzielt werden:

1. **Insektenresistenz** (Widerstandsfähigkeit gegen Schädlinge):
   Zur Schädlingsbekämpfung hat man beispielsweise in Mais und Baumwolle ein Gen (Bt-Gen = Bacillus thuringiensis) eingebaut, welches toxisch auf Insekten wirkt. Solche „Bt-Pflanzen" sollen den Einsatz von giftigen Insektiziden (gehören zu den Pestiziden[48]), die der Vernichtung von Schädlinge dienen, reduzieren.[49]
2. **Herbizidresistenz** (Widerstandsfähigkeit gegen Ackergifte):
   Die Herbizidresistenz von Pflanzen, wie beispielsweise von Soja, Mais, Raps oder Baumwolle, soll den Einsatz von Pestiziden zur Unkrautvernichtung (sogenannte Herbiziden)[50] erleichtern, da diese nun durch die Spritzmittel nicht mehr beschädigt werden können.
3. **Insekten-und Herbibizidresistenz**[51]
4. **Stresstoleranz:** z.B. bei Trockenheit oder Hitze[52]
5. **Verbesserung / Veränderung der Inhaltsstoffe:**
   Die Verbesserung bzw. Veränderung von Inhaltsstoffe sollen Vorteile für die Verbraucher, wie zum Beispiel eine verbesserte Vitamin-versorgung der Bevölkerung, mit sich bringen.[53]

---

[48] Da Pestizide (Insektiziden, Herbiziden und Fungiziden) für den Menschen schädlich sein können, wenn diese sich auf Lebensmitteln befinden, wurde in der EU ein Maximalwert für den Einsatz dieser Ackergifte festgelegt, vgl. http://www.pflanzenforschung.de/de/themen/lexikon/pestizide-726 am 04.06.2013

[49] Kilian, I. et al., S. 120

[50] http://www.pflanzenforschung.de/de/themen/lexikon/pestizide-726 am 04.06.2013

[51] http://www.keine-gentechnik.de/dossiers/anbaustatistiken.html#c22839 am 31.05.2013

[52] http://www.vbio.de/informationen/wissenschaft__gesellschaft/thema_biotech____gruene_/e22632/e22648/e22881/index_ger.html am 02.06.2013

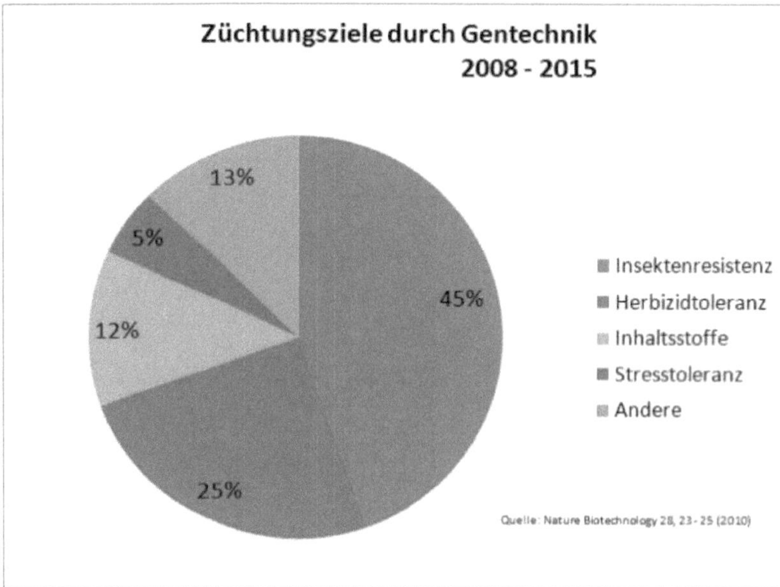

Abbildung 8: Züchtungsziele der grünen Gentechnik von 2008-2015[54]

Erfolgreich transformierte Zellen werden im Labor zu Pflanzen herangezüchtet, mit natürlichen Pflanzen gekreuzt und die Nachkommen mit den gewünschten Eigenschaften ausgelesen. Nach umfangreichen Sicherheitstests kommt es eventuell zu einer Freisetzung der transgenen Pflanzen (Unter „Freisetzung" versteht man den Anbau transgener Pflanzen zu Forschungszwecken.).[55] In Deutschland wurden bisher folgende gentechnisch veränderte Pflanzen freigesetzt: „Mais, Kartoffeln, Raps, Zuckerrüben, Winterweizen, Sommerweizen, Gerste, Erbsen, Sojabohne, Pappeln und Petunien".[56] Wird eine Pflanzenart schließlich zugelassen, kommt es zum kommerziellen Anbau.

---

[53] http://www.novafeel.de/ernaehrung/gentechnisch-veraenderte-lebensmittel.htm am 04.06.2013
[54] http://www.dialog-gentechnik.at/pics/m_650_Zuechtungsziele.jpg am 02.06.2013
[55] Kilian, I. et al., S. 119, f., http://www.schule-und-gentechnik.de/fuer-schueler/wer-wie-was/gentechnik-pflanzen.html am 30.05.2013
[56] http://www.schule-und-gentechnik.de/lehrer/materialien/arbeitsblaetter.html am 01.06.2013

Auf der weltweiten Ackerfläche stehen bereits zu 11 % Gentechnik-Pflanzen, wovon die meisten in den USA, Argentinien, Brasilien, Indien und China wachsen. Den größten Teil machen hierbei Gentechnik-Mais, -Soja, -Baumwolle und -Raps aus. Insgesamt bauen schon 15,5 Millionen Landwirte transgene Pflanzen an.[57]

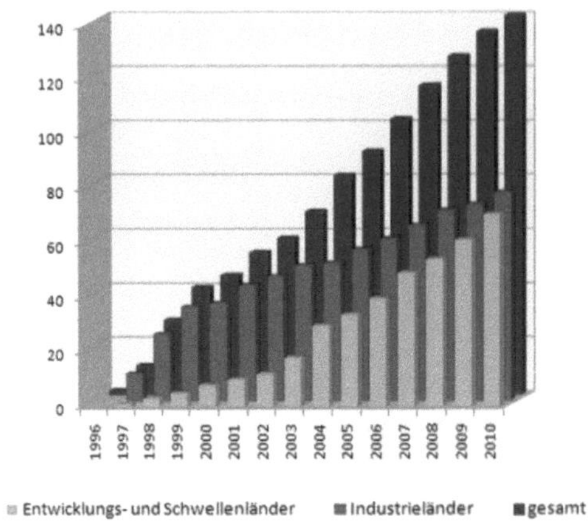

Abbildung 9: weltweite Anbaufläche transgener Pflanzen in Millionen Hektar von 1999 bis 2010[58]

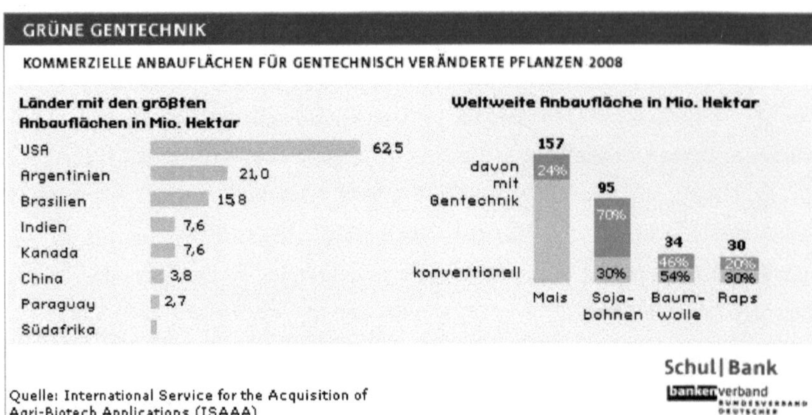

Abbildung 10: Anbauflächen transgener Pflanzen in den Ländern mit den größten Anbauflächen im Jahr 2008[59]

---

[57] http://www.transgen.de/aktuell/1274.doku.html am 05.06.2013

[58] http://www.transgen.de/aktuell/1274.doku.html am 05.06.2013

Außerdem werden noch Gentechnik-Kartoffeln und -Reis angebaut. In Europa und vielen anderen Ländern hingegen ist der Anbau aufgrund bisher noch nicht genau vorhersehbarer Auswirkungen eingeschränkt bzw. verboten,[60] obwohl in Ländern wie den USA noch keine „Krankheiten oder schädliche Nebenwirkungen“ bei den Menschen durch den Verzehr nachgewiesen werden konnten.[61]

3.1 Beispiele für transgene Pflanzen

3.1.1 Amflora

Amflora ist eine gentechnisch veränderte Kartoffelsorte des Agrochemiekonzerns BASF, die seit 2010 in einigen EU-Ländern zum kommerziellen Anbau zugelassen ist. Sie dient nicht als Nahrungsmittel, sondern wird aufgrund ihres hohen Stärkegehalts an Amylopektin in der Industrie zur Herstellung von Papier, Textilien oder Klebstoff eingesetzt. Bisher mussten Kartoffeln aufwendig von einer zweiten Stärkeart, der Amylose, befreit werden. Die Amflora hingegen soll fast ausschließlich industriell nutzbare Stärke produzieren, wodurch eine Trennung der Stärketypen laut BASF erspart bliebe.[62]

Dennoch bleibt die Gentechnik-Kartoffel umstritten, denn man befürchtet das Auskreuzen der neuen Eigenschaft (erhöhter Stärkegehalt) auf andere Organismen (horizontaler Gentransfer), was eventuell negative ökologische Folgen haben kann.[63] Außerdem hat man Angst davor, dass es zu einer unbeabsichtigten Mischung der herkömmlichen und industriellen Kartoffel kommen könnte, so dass die Amflora ins Nahrungsnetz der Menschen

---

[59] http://l.hh.de/tSmvrh am 02.06.2013

[60] In einigen Ländern, darunter auch Deutschland, ist der kommerzielle Anbau von der „Maislinie MON 810“ der Firma Monsanto und die Industriekartoffel“ Amflora“ der Firma BASF Plant Science“ zugelassen, vgl. http://www.schule-und-gentechnik.de/lehrer/materialien/arbeitsblaetter.html am 01.06.2013

[61] http://www.planet-wissen.de/natur_technik/forschungszweige/gentechnik/video_monsanto.jsp am 31.05.2013, http://www.novafeel.de/ernaehrung/gentechnisch-veraenderte-lebensmittel.htm am 04.06.2013

62 http://www.youtube.com/watch?v=bxrZGs-3rtE am 01.06.2013, http://www.youtube.com/watch?v=rASkhlPVh6U am 01.06.2013, Bayrhuber, H. et al., S. 133

[63] http://www.hannovergen.de/download/bewertung_amflora.pdf am 02.06.2013

gelangen würde und das eingebaute Antibiotika-Resistenzgen in den menschlichen Körper gelangt. Auch wenn die Wahrscheinlichkeiten hierfür sehr gering seien, verbieten einige EU-Mitgliedsstaaten den Anbau.[64] In Deutschland wachsen auf nur zwei Hektar Amflora-Kartoffel.[65] Denn alle anderen Produzenten bevorzugen zwei klassisch gezüchtete Kartoffelsorten (Eliane und Henriette), welche laut des Agrarexperten Martin Hofstetter ähnlich viel Amylose enthalten und zudem mehr Ertrag bringen würden.[66]

Abbildung 11: Amflora (äußerlich kein Unterschied zur herkömmlichen Kartoffeln)[67]

3.1.2 Golden-Rice

Aufgrund der Vitamin A-Unterversorgung vieler Asiaten, welche zu Blindheit, Entwicklungsstörungen oder gar zum Tode führen kann, entwickelte eine internationale Forschergruppe den „Golden Rice“.

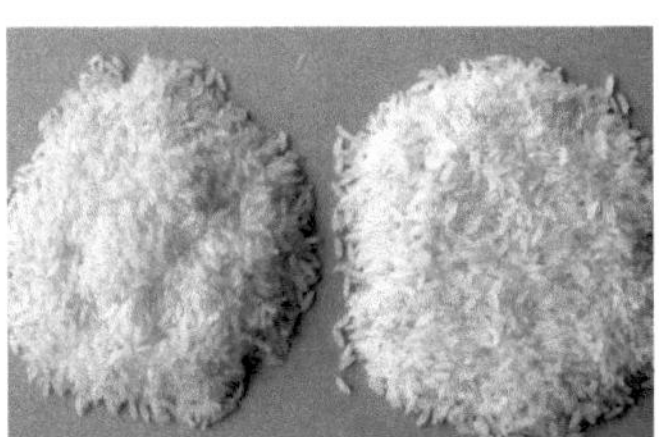

Abbildung 12: Goldener und herkömmlicher Reis[68]

[64] http://martin-gamnitzer.de/2010/03/anmerkungen-zu-amflora/ am 01.06.2013
[65] http://www.schule-und-gentechnik.de/lehrer/einfuehrung.html am 01.06.2013
[66] http://www.greenaction.de/beitrag/henriette-und-eliane-statt-amflora am 01.06.2013
[67] http://www.biotechnologie.de/BIO/Redaktion/Bilder/de/Newsfotos/amflora-pflanze,property%3Dbild,bereich%3Dbio,sprache%3Dde.jpg am 01.06.2013
[68] http://www.welt.de/wissenschaft/article2086062/Lebensrettendes-Reiskorn-hat-maechtige-Gegner.html am 01.06.2013, Bayrhuber, H. et al., S. 128, f.

Dieser soll aufgrund seines hohen ß-Karotin-Gehalts (Vorstufe von Vitamin A) die oben genannten Gesundheitsgefahren vorbeugen, indem er die Vitaminversorgung der Menschen verbessert. Zudem soll sein Saatgut den Kleinbauern dort kostenlos zur Verfügung gestellt werden.[69]

Doch Kritiker behaupten, dass bei Menschen mit Mangelernährung oft auch die Aufnahme von Fetten fehle würde, was zur Umwandlung in Vitamin A im Körper notwendig sei. Außerdem wird auch beim Golden-Rice ein Antibiotika-Resistenzgen eingebaut, sodass die Menschen aufgrund des Reises möglicherweise resistent gegen Antibiotika werden könnten.[70] Da die medizinische Versorgung in Hungergebieten jedoch oftmals nicht besonders gut ist und die Wahrscheinlichkeit damit sehr gering ist, dass die Menschen ein Antibiotikum erhalten, wird „die erste Zulassung [...] im Jahr 2013 auf den Philippinen erwartet. Weitere Zielländer sind Bangladesch, Indien und Indonesien."[71]

3.1.3 Mais MON 810

Der Gentechnik-Mais, Mais MON 810, ist herbizidresistent und gehört zu den Bt-Pflanzen, denn ein ihm beigefügtes Gen produziert ein Gift, welches toxisch auf den Schädling Maiszünsler wirkt.

Die Pflanze sondert in seinen Zellen ein Gift ab, welches die Insekten beim Fraß schädigt. „MON" ist eine Abkürzung des amerikanischen Herstellers Monsanto.

---

[69] http://www.transgen.de/pflanzenforschung/produkteigenschaften/173.doku.html am 01.06.2013, http://www.youtube.com/watch?v=v_M4V-MrUK0 am 01.06.2013

[70] http://www.schule-und-gentechnik.de/fuer-schueler/wer-wie-was/gentechnik-abc.html am 27.04.2013

[71] http://www.biosicherheit.de/lexikon/1257.goldener-reis-golden-rice.html am 01.06.2013, http://www.genzukunft.de/Gentechnik/Pro-und-Contra-zur-Gentechnik/Pro-und-Contra-zur-Gentechnik.html am 01.06.2013

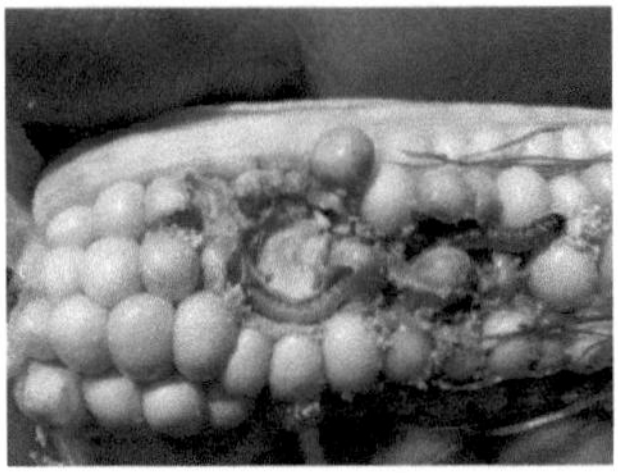

Abbildung 13: Befall durch die Larven des Maiszünslers[72]

Als Futtermittel und zur weiteren Verarbeitung in Lebensmitteln (z.B. Maisstärke, -mehl oder -grieß, Tortilla-Chips, Chips, Polenta,...) ist der gentechnisch veränderte Mais seit 1998 zum Anbau und Import in der EU zugelassen.[73] Doch aufgrund vieler Studien, welche negative Auswirkungen des transgenen Mais, wie z.B. die Bildung von Tumoren bei Ratten, zeigen, haben sich einige EU-Staaten (wie z.B. Deutschland) dazu entschlossen, den Anbau zu untersagen.[74] In Spanien ist der Bt-Mais jedoch weiterhin erlaubt. 2010 betrug die für dessen Anbau genutzte Fläche 68.000 Hektar. Dort berichten Landwirte in den ersten Anbaujahren von folgenden Vorzügen:

- nicht durch den Maiszünsler befallene Maispflanzen
- leichtere Feldarbeit
- geringerer Pestizideinsatz
- höhere Ernteerträge und somit mehr Einnahmen[75]

In den USA kam es jedoch schon zu einer Minderung der Vorteile des Bt-Maises. Denn gentechnisch veränderte Pflanzen, die selbst Gifte produzieren (Bt-Pflanzen), „können zur schnelleren Entstehung von [...] Resistenzen bei Insekten" und Bildung von sekundären Schädlingen führen,[76] wodurch nach

---

[72] http://www.nw-news.de/_em_daten/_nw/2009/09/16/090916_2000_hoe2.jpg am 01.06.2013

[73] http://www.test.de/Gentechnik-in-Lebensmitteln-Kaum-noch-drin-1034036-1034037/ am 01.06.2013

[74] http://www.youtube.com/watch?v=97uWoYGz46g am 01.06.2013, http://www.schule-und-gentechnik.de/lehrer/einfuehrung.html am 01.06.2013, http://www.youtube.com/watch?v=HjYsx_7tzC4 am 01.06.2013

[75] http://bit.ly/11dW64M am 01.06.2013

76 http://www.novafeel.de/ernaehrung/gentechnisch-veraenderte-lebensmittel.htm am 04.06.2013

einigen Jahren häufig noch mehr Ackergifte (ca. 15-30 %) als bei konventionellem Anbau eingesetzt werden müssen.[77] Grund dafür, dass die Schädlinge unempfindlich werden, ist, dass die Bt-Pflanzen durchgehend ihr Gift absondern und der Bauer nur dreimal im Jahr gespritzt hätte. So ist die Gefahr höher, dass die Schädlinge daran gewöhnen.[78]

Zudem ergaben Untersuchungen, dass sich Rückstände von Pestiziden im Pflanzengewebe und im Blut von Verbrauchern befanden.[79] Bisher seien jedoch noch keine Auswirkungen auf die Gesundheit festgestellt worden, da die Wirkung von Pestiziden erst später einsetzt. Dabei könne es laut Greenpeace zu einer Beeinträchtigung der Zellteilung kommen, „die Bildung bestimmte[r] Krebsarten [ge]förder[t]" werden oder das Immunsystem geschwächt werden.[80]

Außerdem bestehe die Gefahr der ungewollten Übertragung des rekombinanten Erbmaterials auf andere Organismen, wobei es zu einer Entwicklung von Herbizid-Resistenzen bei Unkraut kommen könne. Infolge dessen steige wiederum die Belastung der Umwelt durch den Einsatz neuer Spritzmittelmischungen und auch die Gefahr für die menschliche Gesundheit. Zudem werde die biologische Vielfalt zerstört (→weniger Wildpflanzen und somit weniger Insekten und Vögel).[81]

---

77 http://www.uni-protokolle.de/Lexikon/Bt-Mais.html am 01.06.2013, http://www.genzukunft.de/Gentechnik/Pro-und-Contra-zur-Gentechnik/Pro-und-Contra-zur-Gentechnik.html am 01.06.2013, http://www.zeit.de/wissen/umwelt/2012-05/biotechnologie-schaedlinge am 01.06.2013, Bayrhuber, H. et al., S. 128, f., http://de.slideshare.net/Blaesch/vor-und-nachteile-der-grnen-gentechnik-fr-landwirtschaftliche-anwender am 04.06.2013

78 http://www.bionetonline.org/deutsch/content/ff_cont3.htm am 05.06.2013

79 http://www.greenpeace.de/nachrichten/artikel/erstmals_anbau_von_gen_pflanzen_in_der_eu/ansicht/bild/2/

80 http://www.greenpeace.de/themen/chemie/pestizide_lebensmittel/detail/artikel/pestizide_machen_krank/ am 04.06.2013

81 http://www.schule-und-gentechnik.de/lehrer/materialien/arbeitsblaetter.html am 04.06.2013, http://www.youtube.com/watch?v=LuUtRabzLUg am 29.05.2013

3.1.4 Gen-Soja

Gentechnisch veränderte Sojabohnen sind die wichtigste Anwendung der Grünen Gentechnik, denn mehr als die Hälfte aller transgenen Pflanzen sind Sojabohnen. Doch Soja gibt es nicht nur in Form von Tierfutter, Sojamehl, -schrot und Sojasprossen, sondern befindet sich auch in vielen Nahrungsmittel, wie beispielsweise in Tofu, Backmischungen, Broten, Chips und Flips, Fertiggerichten, Keksen, Milchersatzprodukten, Schlankheitsdrinks, Speiseölen, Sportlerprodukten oder Suppen.[82] Nur noch etwa 30 % des weltweiten Sojaanbaus erfolgt ohne gentechnisch veränderte Saaten (Anteil nimmt weiter ab), denn aufgrund der Resistenz gegen Glyphosat und Glufosinat (Totalherbizide von den Firmen Monsanto und Bayer) wird eine einfachere, günstigere und für die Soja unschädliche Unkrautbekämpfung möglich. Doch für den Anbau von Gentechnik-Soja werden auch Gebiete des Amazonas illegal gerodet und darauf Herbizide mithilfe von Fliegern verteilt.[83] Vor allem Menschen in den Anbaugebieten Argentiniens klagen über gesundheitliche Schäden aufgrund der Verschmutzung des Wassers wegen der Ackergifte und über Unbebaubarkeit von Gentechnik-Äckern. Denn darauf können nun nur noch herbizid-resistente Pflanzen jener Gentechnik-Konzerne mit den passenden Eigenschaften wachsen.[84]

Abbildung 14: Gen-Soja (kein äußerlicher Unterschied zur klassischen Sojabohne) [85]

82 http://www.test.de/Gentechnik-in-Lebensmitteln-Kaum-noch-drin-1034036-1034037/ am 01.06.2013

83 http://www.deutsch-tuerkische-nachrichten.de/2013/05/476277/siegeszug-der-gentechnik-soja-bald-nur-noch-in-manipulierter-form-erhaeltlich/ am 05.06.2013

84 http://www.stuttgarter-zeitung.de/inhalt.herbizide-wie-gefaehrlich-ist-glyphosat.fc372b18-325e-46bf-a8f3-aa870e4bafbc.html am 01.06.2013, http://deutsche-wirtschafts-nachrichten.de/2013/05/21/soja-gibt-es-bald-nur-noch-in-gentechnisch-manipulierter-form/ am 01.06.2013, http://www.greenpeace.de/nachrichten/artikel/erstmals_anbau_von_gen_pflanzen_in_der_eu/ansicht/bild/2/ am 01.06.2013

85 http://globalmagazin.com/typo3temp/pics/soja_01_b75c50ab4d.jpg am 01.06.2013

3.2 Agro-Industrie

In der Agro- oder auch Agrar-Industrie, in welcher sich landwirtschaftlich ausgerichtete Unternehmen und Großbetriebe befinden, hat die Gentechnik in den letzten Jahren immer mehr an Bedeutung gewonnen. Jedoch gibt es nur noch wenige Saatgutunternehmen, denn der Agro-Konzerns „Monsato“ hat sich durch zahlreiche Aufkäufe von saatgutproduzierenden Firmen zum weltweit größten Anbieter von gentechnischem Saatgut und Pestiziden entwickelt. Rund 90 Prozent aller transgenen Pflanzen stammen aus seiner Produktion.[86]

Der Markt des gentechnischen Saatguts ist deshalb so interessant für die Unternehmen, weil sie auf ihre transgenen Pflanzen Patente (mittlerweile gibt es schon über 1000 Stück) erheben können. Landwirte, die sich entscheiden, Gentechnik-Pflanzen anzubauen, müssen einen Vertrag unterzeichnen, in dem sie sich verpflichten, bestimmte Pflanzenschutzmittel des jeweiligen Herstellers zu erwerben und jedes Jahr neues Saatgut bei ihnen zu kaufen oder Lizenzgebühren für das Wiederverwerten ihrer Samen zu zahlen.[87] Außerdem müssen die Herbizide bei Pflanzen mit Herbizidtoleranz ebenfalls vom Saatgutlieferanten bezogen werden, da sie nur gegen dessen Pestizide unempfindlich sind. So ist es für die Bauern nicht mehr möglich, den billigsten Hersteller auszuwählen.

Eine weitere Einschränkung durch die Entscheidung, transgene Pflanzen anzubauen, ist, dass es danach nicht mehr möglich ist, andere Pflanzen auf dem Acker anzubauen, da die Böden durch Ackergifte verpestet sind, gegen welche andere Pflanzenarten nicht resistent sind.[88]

---

[86] http://de.statista.com/statistik/faktenbuch/351/a/branche-industrie-markt/landwirtschaft-forstwirtschaft/agroindustrie/ am 02.06.2013,

[87] http://de.slideshare.net/Blaesch/vor-und-nachteile-der-grnen-gentechnik-fr-landwirtschaftliche-anwender am 04.06.2013

[88] http://www.genzukunft.de/Gentechnik/Pro-und-Contra-zur-Gentechnik/Pro-und-Contra-zur-Gentechnik.html am 02.06.2013, http://www.schule-und-gentechnik.de/fuer-schueler/wer-wie-was/pro-und-contra.html# am 02.06.2013, Andrioli, I. et al., Agro-Gentechnik: Die Saat des Bösen, Die schleichende Vergiftung von Böden und Nahrung, 2. Auflage, Lahnstein 2006, S. 55-58

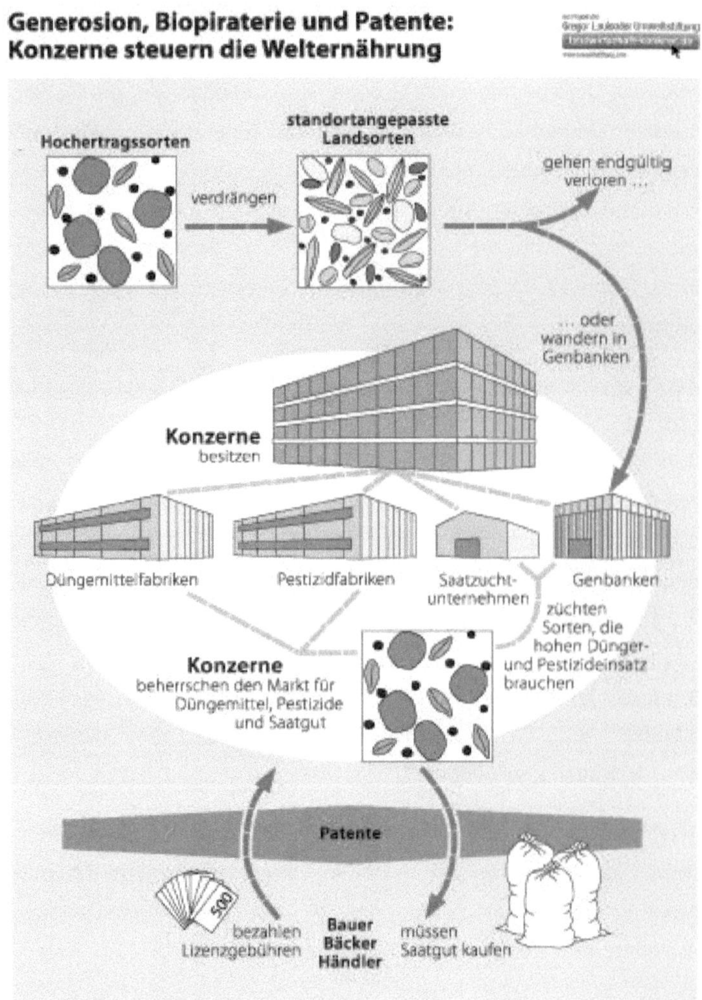

Abbildung 15: Abhängigkeit der Bauern von den Agro-Konzernen[89]

---

[89] http://www.schule-und-gentechnik.de/fileadmin/pics/Informationsdienst/Schul-Seiten/fotos/gr_Generosion.jpg am 29.05.2013

4. Resümee

Sind transgene Pflanzen nun also ein „Fluch oder Segen"?

Für Konzerne wie „Monsanto" sind gentechnisch veränderte Pflanzen ein Segen, denn sie ziehen große Gewinne aus dem Verkauf ihrer Saatgüter, da sie diese meistens in Verbindung mit ihren eigenen Herbiziden und Düngemitteln anbieten. Der wirtschaftliche Wettbewerb wird somit für die kleineren, nicht so kapitalkräftigen Unternehmen noch härter und sie werden im Zuge dessen häufig von großen Konzernen letztlich aufgekauft. Damit wird der Saatgut- und Düngemittelmarkt von einigen wenigen großen Betrieben kontrolliert, was sich für eine freie Marktwirtschaft selten positiv auswirkt.

Für die Landwirte ist die Gentechnik momentan eher ein „Fluch", denn sie werden abhängig von den Agro-Konzernen, da sie nicht mehr wie früher ihre eigene Ernte aussäen dürfen, ohne dafür Lizenzgebühren zu zahlen oder neue Saaten zu kaufen, welche wieder in Verbindung mit dem Pflanzenschutzmittel der Firma stehen. Lediglich in den ersten Anbaujahren von transgenen Pflanzen wird ihre Feldarbeit durch geringeren Einsatz von Pestiziden und weniger kranken Pflanzen erleichtert. Nach einiger Zeit besteht allerdings die Gefahr, dass Unkräuter widerstandsfähig gegen die Herbizide und Schädlinge sich an das Gift der Bt-Pflanzen gewöhnen. Dadurch würde im späteren Verlauf der Einsatz von Pestiziden sogar deutlich erhöht werden im Gegensatz zum konventionellen Anbau.

Ein weiteres Problem stellt die eventuelle Verbreitung und Weitergabe der veränderten Gene auf andere Organismen dar, wodurch es zu unvorhersehbaren Folgen für die Umwelt kommen könnte und das ökologische Gleichgewicht gestört werden könnte. Damit ist auch der Mensch als Verbraucher in der Nahrungsmittelkette einem derzeit noch nicht kalkulierbarem Risiko ausgesetzt. Bei der Auswahl seiner Produkte kann der Verbraucher häufig aufgrund der mangelnden gesetzlichen Regelung zur Kennzeichnung nicht eindeutig erkennen, ob es sich um ein gentechnisch verändertes Nahrungsmittel handelt oder nicht.

Bekäme man jedoch die oben genannten Probleme und eventuellen Gefahren mithilfe neuer Techniken und Forschungsergebnissen in den Griff, steckt in der grünen Gentechnik ein großes Potenzial. Somit könnten für die Menschen und für die Umwelt nützliche und unbedenkliche Pflanzen erstellt werden.

5. Quellenverzeichnis

Literatur:

Andrioli, I. et al., Agro-Gentechnik: Die Saat des Bösen, Die schleichende Vergiftung von Böden und Nahrung, 2. Auflage, Lahnstein 2006, S. 55-58

Autorengruppe Deutscher Taschenbuchverlag, dtv Lexikon, 6, Fli-Gev, 3. Ausgabe, Mannheim 1997, S. 274

Bayrhuber, H. et al., Linder, Biologie, Baden-Württemberg, 23. Auflage, Braunschweig 2010, S. 121, 124, 121, 125, 130, 133, 128, f.

Hillesheim, M. et al., Abitur, clever vorbereitet, Biologie, Potsdam o. J., S. 62, 81, 75, 77, 309

Informationsdienst Gentechnik, Gute Gründe gegen Gentechnik, in der Landwirtschaft, S. 3

Kilian, I. et al., Großes Buch der Biologie, mit allen Wissengebieten und Fachbegriffen der Biologie, o.O. 2006, S. 99, 457, 119, 116, f.

Filmquellen:

http://www.youtube.com/watch?v=K8ypD5qFQfM am 29.05.2013

http://www.youtube.com/watch?v=zRqEemy4Zdc am 29.05.2013

http://www.youtube.com/watch?v=LuUtRabzLUg am 29.05.2013

http://www.youtube.com/watch?v=97uWoYGz46g am 01.06.2013

http://www.youtube.com/watch?v=HjYsx_7tzC4 am 01.06.2013

http://www.youtube.com/watch?v=bxrZGs-3rtE am 01.06.2013

http://www.youtube.com/watch?v=rASkhlPVh6U am 01.06.2013

Internetquellen:

http://www.lfl.bayern.de/publikationen/daten/informationen_url_1_49.pdf am 28.05.2013

http://www.genzukunft.de/Gentechnik/Gentechnik-.html am 26.05.2013

http://www.bpb.de/gesellschaft/umwelt/bioethik/33741/weisse-gentechnik?p=all am 28.05.2013 http://www.buerger-fuer-technik.de/body_bedeutung_der_gentechnik.html am 28.05.2013

http://home.arcor.de/mark_01/molekuler%20biologie/Genklonierung.pdf am 29.05.2013

http://www.kinderwunschzentrum-ludwigsburg.com/images/behandlungsmethoden/mesa_1_2.jpg am 29.05.2013

http://www.scheffel.og.bw.schule.de/faecher/science/biologie/molangewandt/1gentec/gentec.htm am 29.05.2013

http://www.genzukunft.de/Gentechnik/Gentechnik-.html am 26.05.2013

http://www.schule-und-gentechnik.de/fuer-schueler/wer-wie-was/einfuehrung.html am 30.05.2013

http://www.gm.rt.schule-bw.de/lehrer/schmid/gentechnik/bilder/folie22.gif am 29.05.2013

http://www.schule-und-gentechnik.de/fileadmin/pics/Informationsdienst/Schul-Seiten/fotos/gr_Generosion.jpg am 29.05.2013

http://www.genzukunft.de/Gruene-Gentechnik/Gentechnik-bei-Pflanzen/Gentechnik-bei-Pflanzen.html am 30.05.2013

http://flexikon.doccheck.com/de/Elektroporation am 30.05.2013

http://www.webmic.de/gentech.htm am 30.05.2013

http://www.webmic.de/images/gentech3.JPG am 29.05.2013

http://www.biosicherheit.de/basisinfo/298.mikroinjektion-gene-spritze.html am 30.05.2013

http://www.schule-und-gentechnik.de/fuer-schueler/wer-wie-was/gentechnik-abc.html am 30.05.2013

http://www.scheffel.og.bw.schule.de/faecher/science/biologie/molangewandt/1gentec/gentec.htm am 30.05.2013

http://upload.wikimedia.org/wikipedia/commons/thumb/b/bf/Ligation.svg/800px-Ligation.svg.png am 30.05.2013

http://e-learning.studmed.unibe.ch/Gen_Kurs/GEN_KURS/TECHN/BILDER/KLONIERE.GIF am 30.05.2013

http://www.scheffel.og.bw.schule.de/faecher/science/biologie/genetik/95neuzucht/neue_zuechtung.htm am 30.05.2013
http://www.schule-und-gentechnik.de/lehrer/materialien/arbeitsblaetter.html am 01.06.2013

http://www.greenaction.de/beitrag/henriette-und-eliane-statt-amflora am 01.06.2013

http://www.biotechnologie.de/BIO/Redaktion/Bilder/de/Newsfotos/amflora-pflanze,property%3Dbild,bereich%3Dbio,sprache%3Dde.jpg am 01.06.2013

http://cdn.zmescience.com/wp-content/uploads/2013/02/golden-rice-hero2.jpg am 01.06.2013

http://www.transgen.de/pflanzenforschung/produkteigenschaften/173.doku.html am 01.06.2013, http://www.youtube.com/watch?v=v_M4V-MrUK0 am 01.06.2013

http://www.schule-und-gentechnik.de/fuer-schueler/wer-wie-was/gentechnik-abc.html am 27.04.2013

http://www.biosicherheit.de/lexikon/1257.goldener-reis-golden-rice.html am 01.06.2013 http://www.schule-und-gentechnik.de/lehrer/einfuehrung.html am 01.06.2013

http://www.keine-gentechnik.de/dossiers/anbaustatistiken.html#c22839 am 31.05.2013

http://www.planet-wissen.de/natur_technik/forschungszweige/gentechnik/video_monsanto.jsp am 31.05.2013

http://www.schule-und-gentechnik.de/lehrer/materialien/arbeitsblaetter.html am 01.06.2013

http://www.isaaa.org/resources/publications/briefs/44/executivesummary/default.asp am 31.05.2013

http://www.nw-news.de/_em_daten/_nw/2009/09/16/090916_2000_hoe2.jpg am 01.06.2013

http://bit.ly/11dW64M am 01.06.2013

http://www.zeit.de/wissen/umwelt/2012-05/biotechnologie-schaedlinge am 01.06.2013

http://www.uni-protokolle.de/Lexikon/Bt-Mais.html am 01.06.2013

http://www.test.de/Gentechnik-in-Lebensmitteln-Kaum-noch-drin-1034036-1034037/ am 01.06.2013

http://www.greenpeace.de/nachrichten/artikel/erstmals_anbau_von_gen_pflanzen_in_der_eu/ansicht/bild/2/ am 01.06.2013

http://globalmagazin.com/themen/wirtschaft/gen-soja-vor-zulassung/ am 01.06.2013

http://globalmagazin.com/typo3temp/pics/soja_01_b75c50ab4d.jpg am 01.06.2013

http://www.schule-und-gentechnik.de/lehrer/einfuehrung.htm am 01.06.2013

http://www.genzukunft.de/Gentechnik/Pro-und-Contra-zur-Gentechnik/Pro-und-Contra-zur-Gentechnik.html am 01.06.2013

http://de.statista.com/statistik/faktenbuch/351/a/branche-industrie-markt/landwirtschaft-forstwirtschaft/agroindustrie/ am 02.06.2013

http://www.vbio.de/informationen/wissenschaft__gesellschaft/thema_biotech____gruene_/e22632/e22648/e22881/index_ger.html am 02.06.2013

http://www.dialog-gentechnik.at/pics/m_650_Zuechtungsziele.jpg am 02.06.2013

http://www.pflanzen-forschung-ethik.de/lexikon/734.markergen.html am 03.06.2013

http://www.pflanzenforschung.de/de/themen/lexikon/gentechnik-455 am 04.06.2013

http://www.pflanzenforschung.de/de/themen/lexikon/pestizide-726 am 04.06.2013

http://www.novafeel.de/ernaehrung/gentechnisch-veraenderte-lebensmittel.htm am 04.06.2013

http://de.slideshare.net/Blaesch/vor-und-nachteile-der-grnen-gentechnik-fr-landwirtschaftliche-anwender am 04.06.2013

http://www.deutsch-tuerkische-nachrichten.de/2013/05/476277/siegeszug-der-gentechnik-soja-bald-nur-noch-in-manipulierter-form-erhaeltlich/ am 05.06.2013

http://www.transgen.de/aktuell/1274.doku.html am 05.06.2013